www.ingramcontent.com/pod-product-compliance
Lightning Source LLC
Chambersburg PA
CBHW081010170526
45158CB00010B/2990
* 9 7 8 1 0 9 5 5 7 0 7 5 3 *